Z星探险团

（上）

刘畅 魏红祥 主编

科学普及出版社

·北 京·

图书在版编目（CIP）数据

Z星探险团.上 / 刘畅, 魏红祥
主编. —— 北京：科学普及出版社, 2020.10
ISBN 978-7-110-10058-5

Ⅰ.①一… Ⅱ.①刘…②魏… Ⅲ.①天文学 – 少儿
读物②物理学 – 少儿读物 Ⅳ.①P1-49②O4-49

中国版本图书馆CIP数据核字(2019)第238038号

策划编辑	杨虚杰　李惠兴	
责任编辑	李惠兴	
装帧设计	北京中科星河文化传媒有限公司	
绘　　图	陈升林　张可欣	
封面设计	陈升林	
责任校对	凌　雪	
责任印制	马宇晨	

出　　版	科学普及出版社	
发　　行	中国科学技术出版社有限公司发行部	
地　　址	北京市海淀区中关村南大街16号	
邮　　编	100081	
发行电话	010-62173865	
传　　真	010-62173081	
网　　址	http://www.cspbooks.com.cn	

开　　本	787mm×1092mm　1/16	
字　　数	265千字	
印　　张	29.5	
版　　次	2020年10月第1版	
印　　次	2020年10月第1次印刷	
印　　刷	北京瑞禾彩色印刷有限公司	
书　　号	ISBN 978-7-110-10058-5/O · 199	
定　　价	98.00元	

编委会

序言

《国家中长期教育改革和发展规划纲要（2010-2020)》指出，按照教育面向现代化、面向世界、面向未来的要求，教育改革的主旨是以人为本、全面实施素质教育，其核心是解决好培养什么人、怎样培养人的重大问题。

教育要服务于社会。中国在走向科技强国的征程中，需要更多具有创新发展能力、批判思辨能力、沟通合作能力的公民。教育要着力提高学生处于复杂环境下的问题解决能力和实践能力，从而使他们能够适应飞速发展的信息时代和充满挑战的未来社会。如何从小学阶段就开始更加有效地培养学生的科学素养？这是摆在教育工作者、科研工作者乃至全社会面前的一项重要课题。

在小学科学教育的尝试中，我们经常发现，单纯科学概念的传授并不能自动地校正学生原有的错误观念和认识。有些学生在实验结果面前仍然会坚持已见，这一矛盾的现象促使我们在改进教学方法的同时，更加深入地思考如何让学生能够更加自觉地形成正确的前驱概念，更加主动地校正错误经验，形成正确认识。

任何学习都要以兴趣为先导，死记硬背、硬性灌输不但无法培养学生的科学素养，反而会破坏他们的创造力。本书无论是在形式上还是在结构上，都区别于强化知识灌输的传统教材，内容既涉及小学科学教育新课标，又把知识点巧妙地融入到有趣的故事中，让学生在读故事的同时，不知不觉地形成科学概念，领会科学内涵，为其进一步学习和运用知识起到很好的引导和启发作用。作为科学课辅助读本，我们鼓励学生在读完本书后，为思想插上翅膀。大胆想象，续写故事，利用自己掌握的知识帮助书中的主人公渡过难关，完成难以完成的任务，也让自己在探索科学的道路上有所突破，更进一步！

汪卫华

中国科学院院士

中国科学院物理研究所研究员

王思宇

男孩，9岁，行动力超强，似乎总有着用不完的精力。他的脑子时刻不停，充满了天马行空的想象。他喜欢做领袖、发号施令。他马虎粗心，却勇于承认错误。他求知欲超强，成绩却也像他的行动力一样，忽上忽下。他就像战士，永远不怕苦不怕累；他就像太阳，永远用积极的心态面对一切困境。好动的思宇像一支画笔，为这趟 Z 星之旅涂抹上特别的色彩。

刘小希

女孩，9岁，性格文静，成绩优秀，是一个寄居在公主外壳里的小学霸！她是家人眼中的小公主、老师眼中的好学生，她是家长们喜欢的"别人家的孩子"。她好奇却又胆小，善良而又温柔。她对动物、植物都充满了感情。细心又敏感的性格，使她总能发现一些被他人忽略的线索，让事情峰回路转。

外星人语言研究者。因研究方向过于超前而不被认可。他坚持自己的理念，并为此付出了很多。他独自度过了大半生，只与自己创造出来的 M 机器人为伴，多年的孤独生活使他成了一个名副其实的怪老头。随着时代的发展，开始有更多的人寻找、研究这个曾经被排斥的怪博士，可九维博士早就躲起来做自己的研究去了。这使他的存在成了一个传奇。

九维博士

企鹅老师

以企鹅的形象出现，是王思宇和刘小希的班主任，九维博士的学生。他时常变魔术般地为孩子们解释物理现象，让大家在不知不觉中对学习产生兴趣。他关心每位学生，对周围的人和事观察入微。他认为，对于每一个人来说，理解和信任都是十分宝贵的。

M 机器人

九维博士潜心多年研究出来的会学习的机器人，在与九维博士的相处中它自我改良，逐渐进化出了一些人类的个性。如果说博学多才是它最基本的功能体现，那么话痨、好表演就是它最无法被忽视的性格特征了，M 机器人每次见到其他人都无法控制地要展示它"人来疯"的本来面貌。

Q 弹软糯星的一颗小团子，外表看上去可谓软软萌萌。如果受到惊吓，它那恐慌的样子真让人忍俊不禁。但当你因它恐慌的模样开心不已时，你就会发现，倒霉事一件连着一件在你身上发生。没错，艾米就是这样一只看起来人畜无害，但却极其腹黑的黑心小团子。但也正因为它极其善于发现他人情绪，它会十分珍惜善良的小希和思宇，当他们遭遇危险之时，尽全力相助。

艾 米

上课铃声响起，思宇还抱着课外书沉浸在自己的世界里，书里绘声绘色地介绍了近200年地球的变迁史……

过度捕捞、大量垃圾排入大海，海洋生态已被严重破坏！

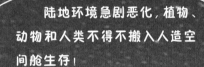

陆地环境急剧恶化，植物、动物和人类不得不搬入人造空间舱生存！

厨余垃圾

果皮　　剩菜　　骨头

可回收垃圾

金属　　　　废纸

布料　　　　塑料

垃圾分类对保护
地球很重要！

其他垃圾

陶瓷　　　烟蒂　　　污染纸巾

有害垃圾

灯泡　　　电池　　　电子产品

下课后是午餐时间，小希
在餐厅遇到了思宇。

小希将一包橘子味果汁粉倒入水中轻轻搅拌。黄色的果汁粉融化在水里，甜甜的果香味飘了出来。粗心的思宇着急抢套餐，把鱼肝油当成了果汁粉。

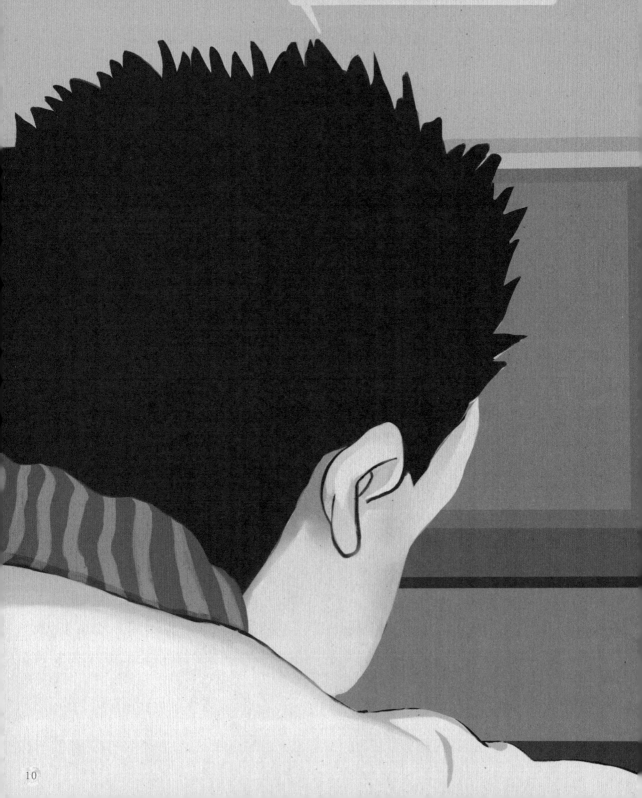

思宇将刚才看的课外书给小希看，看后小希非常难过！

人们只顾享受着科技带来的便利，却忽视了对大自然的伤害！

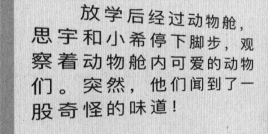

放学后经过动物舱，思宇和小希停下脚步，观察着动物舱内可爱的动物们。突然，他们闻到了一股奇怪的味道！

你看猴子和大象都有鼻子、耳朵，但是水里的动物看上去却没有这些，比如鱼。

到植物舱啦！

14

小希发现周围空气轻度污染，并且确定污染源就在植物舱。两人决定一探究竟。

应该就是这里了！

小希发现植物舱内有一株植物已经开始腐烂，他们找到了原因，原来是监控植物生长的植物仪失灵了。

我们得修好它！

走，去纸质图书馆！

无结果

怎么办？

他们迅速打开全息屏调出电子图书馆的检索页面查找维修资料，但是没有结果。他们决定去纸质图书馆。

纸质图书馆内，他们四处翻找……

突然，思宇发现一本旧书在柜子下面的缝隙中！什么样的书放在这里呢？思宇一翻身坐了起来，借着柜子边缘微弱的灯光，思宇发现这本书和馆内其他的书籍都不一样。

思宇和小希又推又拉，累得满头大汗，但是书柜依然纹丝不动。

突然，小希发现桌子上有个条形锁，一根条形的磁铁插在地面的孔中，怎么打开呢？

磁铁与磁铁之间，同名磁极相互排斥，异名磁极相互吸引。小希把另一块磁铁放在了条形磁铁上面，条形磁铁被吸了上去，柜子终于可以移动啦！

这好像是一本古董级的有关植物检测仪的笔记！

看这过时的旧笔记有什么用？

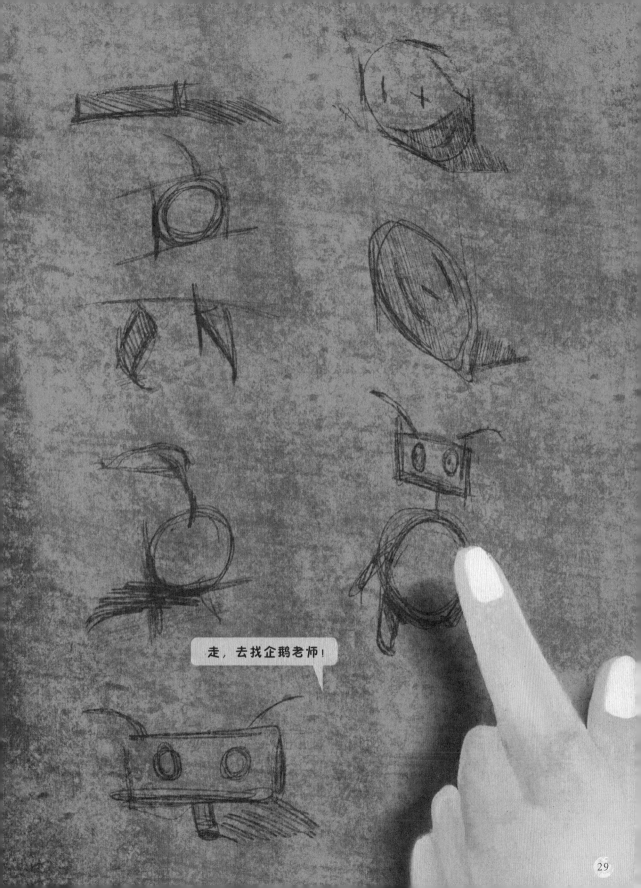

他们找到了企鹅老师。

企鹅老师，您看这是谁的笔记本啊？

噢！这是九维博士的笔记！你们在哪里得到的？

在图书馆！九维博士，这个名字好有趣啊！

他们打开了全息屏，搜索"九维博士"。

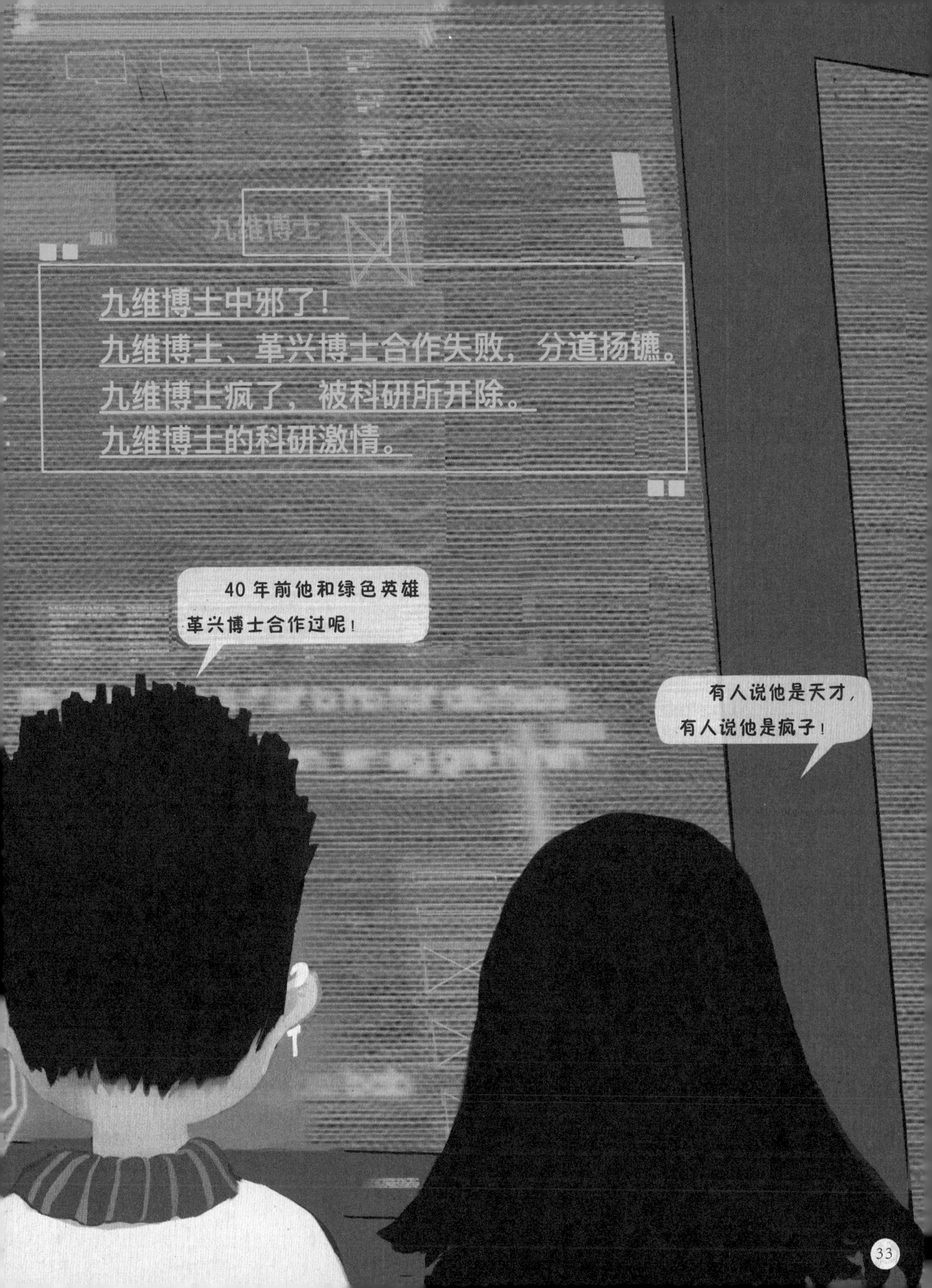

九维博士
九维博士中邪了！
九维博士、革兴博士合作失败，分道扬镳。
九维博士疯了，被科研所开除。
九维博士的科研激情。
40年前他和绿色英雄革兴博士合作过呢！
有人说他是天才，有人说他是疯子！

思宇和小希回到了实验室，按照九维博士的笔记动手制作起来。

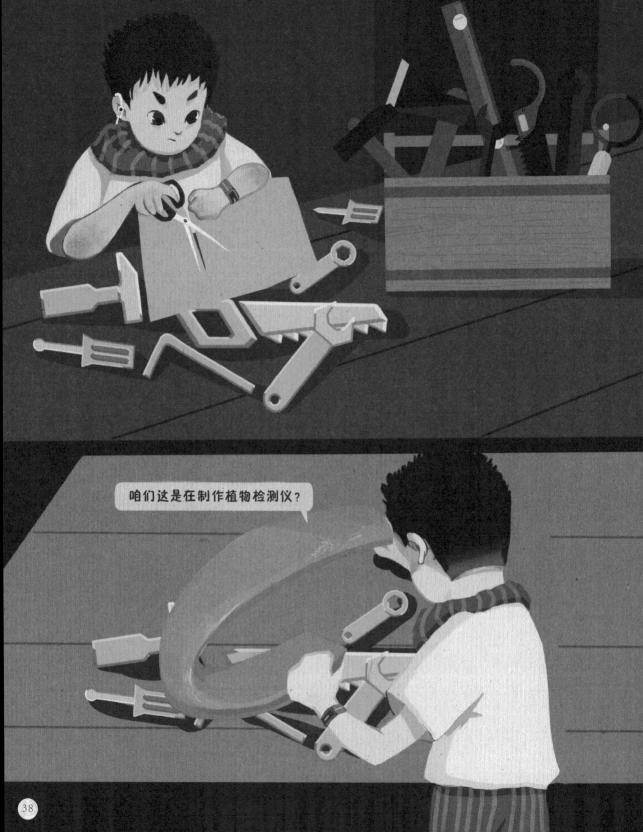

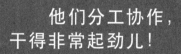

他们分工协作，
干得非常起劲儿！

我感觉不像。

跑出实验室的他们俩，忘记了关掉电源。空无一人的实验室中，他们俩制作的小机器闪烁着微光，向茫茫的宇宙发出了信号。

现场，记者们纷纷向革兴博士提出问题……

因为找不到原始土壤，所以实验失败了，我辜负了大家的期望……

原始土壤是不是只能在外星上寻找了？

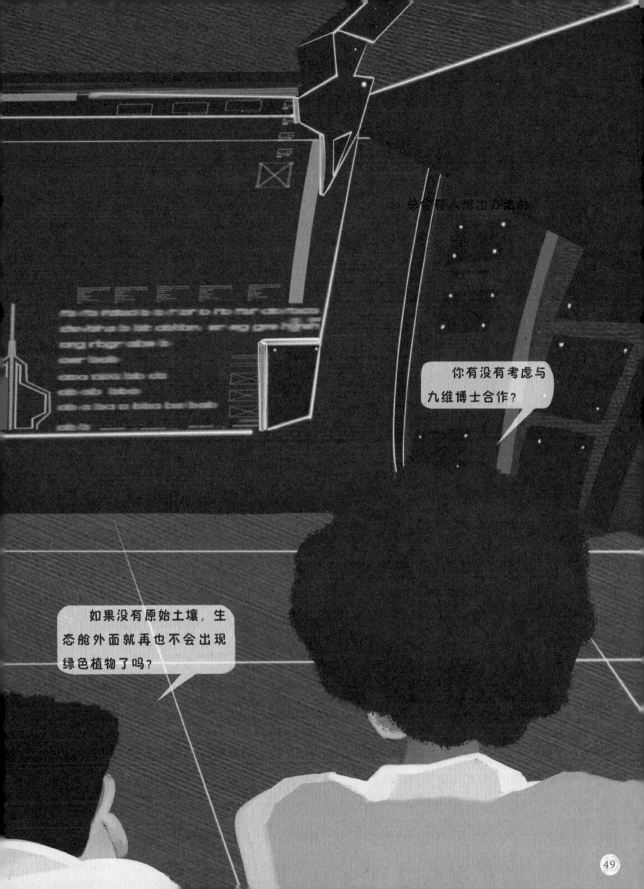

所有人都停止了工作，七嘴八舌地表达自己的观点。有人提到了九维博士。

立即到外太空寻找原始土壤，拯救地球！

让九维博士回来工作吧，当初不赶走九维博士就好了！

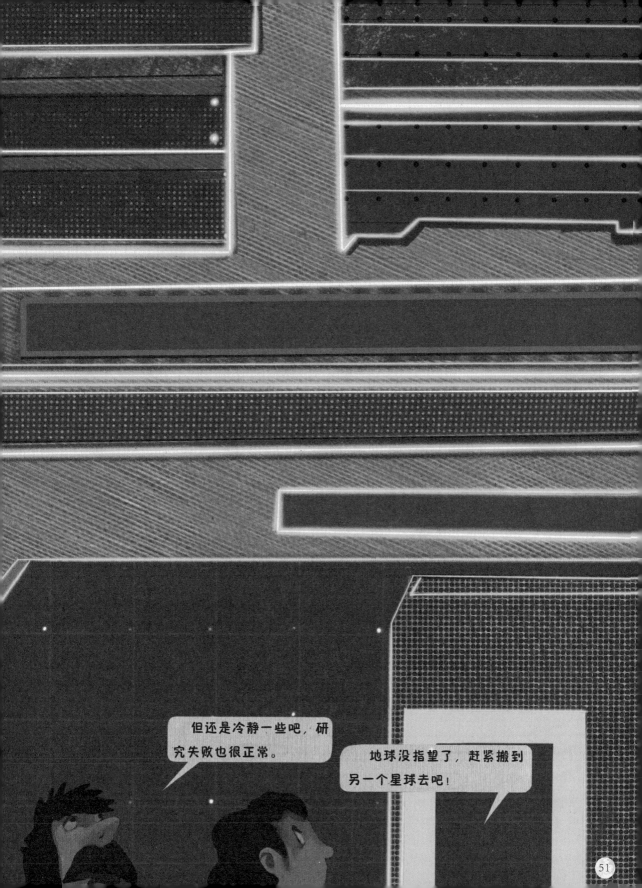

小希请企鹅老师讲一讲九维博士和革兴博士的故事，企鹅老师沉思片刻，讲起了往事。

企鹅老师，快告诉我们，在九维博士和革兴博士之间发生过什么啊？

我也很想知道

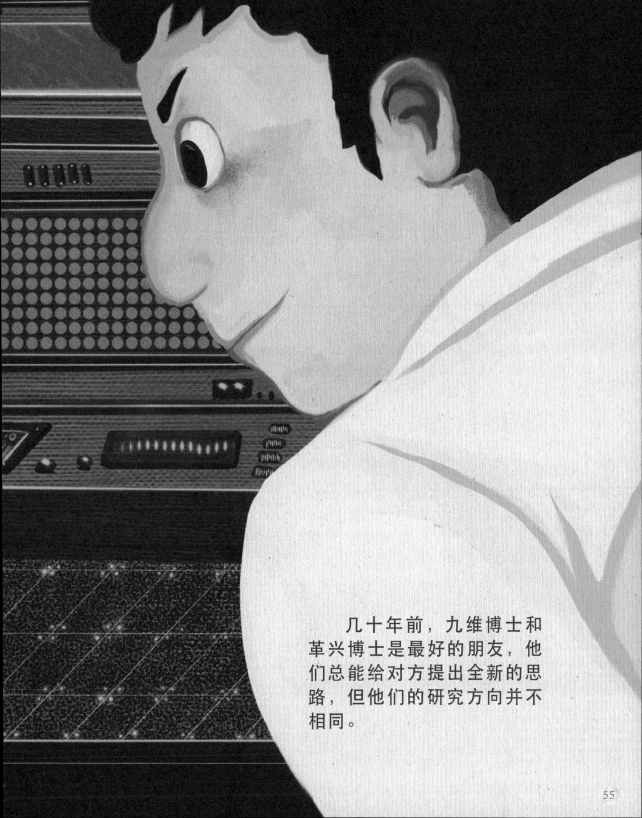

几十年前，九维博士和革兴博士是最好的朋友，他们总能给对方提出全新的思路，但他们的研究方向并不相同。

九维博士要寻找外星人，虚无缥缈；革兴博士要让植物能在生态舱外生存，脚踏实地。他们的分歧越来越大。

如果能找到原始土壤，植物就能在生态舱外生长了。

终于有一天，因为科学研究经费投入有限，他们俩的研究项目只能保留一个。两人的矛盾爆发了。九维博士撕掉了他笔记本上的革兴博士的绘图。

九维，快放弃你的些疯狂的想法吧！

最后，革兴博士的研究项目被保留下来，九维博士的研究项目被取消了。伤心的九维博士离开了实验室，没有人知道他去了哪里。

它睡着了吗？

讲完当年的故事，企鹅老师、思宇和小希回到了实验室。这时，他们制作的那个小机器人上正显示着一串奇怪的符号……